当诗词
遇见科学

陈征 著

4

北京时代华文书局

图书在版编目（CIP）数据

当诗词遇见科学：全20册 / 陈征著 . — 北京：北京时代华文书局，2019.1（2025.3重印）

ISBN 978-7-5699-2880-8

Ⅰ．①当… Ⅱ．①陈… Ⅲ．①自然科学－少儿读物②古典诗歌－中国－少儿读物 Ⅳ．①N49②I207.22-49

中国版本图书馆CIP数据核字(2018)第285816号

拼音书名 | DANG SHICI YUJIAN KEXUE：QUAN 20 CE

出 版 人｜陈 涛

选题策划｜许日春

责任编辑｜许日春 沙嘉蕊

插 图｜杨子艺 王 鸽 杜仁杰

装帧设计｜九 野 孙丽莉

责任印制｜訾 敬

出版发行｜北京时代华文书局 http://www.bjsdsj.com.cn
　　　　　北京市东城区安定门外大街138号皇城国际大厦A座8层
　　　　　邮编：100011 电话：010-64263661 64261528

印　　刷｜天津裕同印刷有限公司

开　　本｜787 mm×1092 mm　1/24　 印　张｜1　 字　数｜12.5千字

版　　次｜2019年8月第1版　　　印　次｜2025年3月第15次印刷

成品尺寸｜172 mm×185 mm

定　　价｜198.00元（全20册）

自　序

　　一天，我坐在客厅的沙发上，望着墙上女儿一岁时的照片，再看看眼前已经快要超过免票高度的她，恍然发现，女儿已经六岁了。看起来她一直在身边长大，可努力搜索记忆，在女儿一生最无忧无虑的这几年里，能够捕捉到的陪她玩耍，给她读书讲故事的场景，却如此稀疏……

　　这些年奔忙于工作，陪孩子的时间真的太少了！

　　今年女儿就要上小学，放眼望去，小学、中学、大学……在永不回头的岁月中，她将渐渐拥有自己的学业、自己的朋友、自己的秘密、自己的忧喜，直到拥有自己的家庭、自己的人生。唯一渐渐少了的，是她还愿意让我陪她玩耍，给她读书、讲故事的时间……

　　不能等到孩子不愿听的时候才想起给她读书！这套书就源自这样的一个念头。

　　也许因为我是科学工作者，科学知识是女儿的最爱，她每多了解一个新的科学知识，我都能感受到她发自内心的喜悦。古诗词则是我的最爱，那种"思飘云物动，律中鬼神惊"的体验让一个学物理的理科男从另一个视角感受到世界的美好。当诗词遇见科学，当我读给孩子，这世界的"真""善"与"美"如此和谐地统一了。

书中的科学知识以一个个有趣的问题提出，目的并不在于告诉孩子答案，而是希望引导孩子留心那些与自然有关的细节，记得观察生活、观察自然；引导孩子保持对世界的好奇心，多问几个为什么。兴趣、观察和描述才是这么大孩子的科学教育应该做的。而同时，对古诗词的赏析，则希望孩子们不要从小在心里筑起"文"与"理"之间的高墙，敞开心扉去拥抱一个包括了科学、文化和艺术的完整的世界。

不得不承认，这套书选择小学语文必背的古诗词，多少还是有些功利心在其中。希望在陪伴孩子的同时，也能为孩子的学业助一把力。

最后，与天下的父母共勉：多陪陪孩子，趁着他们还没长大！

唐 孟浩然

chūn xiǎo
春晓

chūn mián bù jué xiǎo
春眠不觉晓，

chù chù wén tí niǎo
处处闻啼鸟。

yè lái fēng yǔ shēng
夜来风雨声，

huā luò zhī duō shǎo
花落知多少。

1 春晓：春天的早晨。晓，天亮。

2 知多少：不知道有多少，意思是非常多。

春夜一觉浓睡，好舒服啊，天亮了都不知道。伸个懒腰，倾耳一听，到处都有鸟儿啼叫，心情大好。蓦然想起昨夜风急雨骤，心里又隐隐不安起来，也不知道花儿被打落多少。赶紧披上衣服往花园赶去，走进花园，嗅到清新的空气，听到婉转的鸟鸣，见到满地的落英，才发现春色好美啊！

为什么春天鸟叫比较多？

鸟的鸣叫就像我们人类说话一样，是在传递信息。比如告诉别的鸟这是自己的地盘，或者召唤伙伴一起觅食，等等。很多鸟儿在早上离开自己的窝出去觅食时和晚上回到窝中时都会鸣叫。

春暖花开、万物复苏的春天也是大多数鸟儿寻找伴侣、繁衍后代的时候。这时的雄鸟一方面通过嘹亮的叫声向其他雄鸟宣告自己的领地，同时也通过悦耳的叫声吸引雌鸟的注意，而雌鸟也会通过叫声来回应雄鸟的呼唤。

求偶期是鸟儿鸣叫最卖力也最动听的时候，因此春天是最容易听到鸟叫的时节，特别是在清晨，鸟儿一觉醒来精力充沛，加上清晨本身也比较安静，鸟叫声能够传得比较远，所以就有了春晓时"处处闻啼鸟"的感觉。

为什么春天人容易犯困？

在寒冷的冬天，人体为了御寒，身体表面的汗腺、毛孔和毛细血管都会收缩，减少热量的损失。当春暖花开的时候，温度逐渐升高，汗腺、毛孔和毛细血管随之舒张，皮肤附近的血液循环加快，如果这时身体不能迅速适应，就会让供给大脑的血液变少。同时随着温度升高，全身的新陈代谢也开始加快，需要的氧也增多，身体的供氧机能如果跟不上，也会让大脑感到"缺氧"。此外温度升高本身也会对大脑的神经产生一定的抑制作用。这几种原因结合在一起，人就会觉得昏昏欲睡，产生"春困"的感觉。

不只"春困"，中国民间有"春困秋乏夏打盹，睡不醒的冬三月"的说法，其实就是每当气候变化时，身体的机能如果不能随之变化，就会出现一些不适应的现象。

当然，"春困"其实很容易克服。平时多锻炼，提高身体机能，在气候变化时适应力提高了，也就不用担心犯困了。

唐 王翰

liáng zhōu cí
凉州词

pú táo měi jiǔ yè guāng bēi　　yù yǐn pí pá mǎ shàng cuī
葡萄美酒夜光杯，欲饮琵琶马上催。

zuì wò shā chǎng jūn mò xiào　　gǔ lái zhēng zhàn jǐ rén huí
醉卧沙场君莫笑，古来征战几人回？

1 夜光杯：一种玉质饮酒器皿，因盛满美酒后在月光下闪闪
发光而得名。

2 沙场：古时多指战场。

沙尘滚滚，朔风呼呼，凉州这个边塞之地，向来人烟稀少，
满目荒凉。幸运的是，这里有用夜光杯盛满的葡萄酒，有听
后令人斗志昂扬的琵琶曲，真开心啊！哎呀，情况不妙！我
刚要喝下这甘醇的酒，打仗的号子就响起来了。快！牵马过
来！我一边跨马，一边手持酒杯，兄弟，让我们干了这杯！
就算我醉倒在战火连天的战场上，你也不要笑话我啊。我们
入伍打仗的又有几个人能活着回来呢?

夜光杯会发光吗?

  西汉东方朔的《海内十洲记》中说：西周时，西王母邀请周穆王赴瑶池盛会，在会上送给周穆王一只精美的玉质酒杯，名叫"夜光常满杯"。唐诗中一句"葡萄美酒夜光杯"，更让夜光杯名满天下，千古流传。

夜光杯的"夜光"两个字，让很多人觉得它是会在夜里发光的杯子，十分神奇。但实际上，诗中所说的这种夜光杯只是一种玉杯，用今天甘肃省祁连山地区所产的祁连玉制作而成。这种杯子并不会自己发光，而是因为杯子的玉质温润透亮，制作得又十分精巧，薄薄的杯壁看上去是半透明的。迎着光看时，玉杯晶莹剔透；倒上酒后，由于月光或灯火透过杯子和酒可以发生折射、反射，加上玉石中的天然花纹，夜光杯显得熠熠生辉，就好像是杯子自己在夜色中淡淡发光似的，非常精美。

夜明珠又是怎么回事呢？

夜明珠是一种真的会自己发光的珠子，它是用含有一些非常稀有的材料的石头制作而成的。这些石头里含有的稀有材料，叫作"荧光"材料。

发光的过程就好像一排士兵装子弹发射的过程。平常的发光吸收一点能量就马上把这点能量变成光发射出去，就像一群没有纪律的兵，各自随意在弹匣中装一两颗子弹，然后立刻就打出去。"荧光"的发光过程则有所不同，这个过程中发光材料会不断吸收能量并存储起来，一点点转化成光发射，就像有组织有纪律的士兵，把弹匣装满子弹后，有节奏地一发一发打出去。荧光的发光过程短的有几秒，长的甚至能达到几个月、几年的时间。夜明珠之所以能自己发光，就是因为其中的荧光材料储存了许多光能，然后慢慢释放出来。

我们生活当中无处不在的日光灯、节能灯的发光，也是利用"荧光"材料的发光来实现的。当然不是夜明珠那样稀有的天然荧光材料，而是人工制造的荧光材料。现在，科学家对发光的科学原理已经掌握得非常清楚，能制造出各种颜色和性能的荧光材料，想拥有一颗人造的夜明珠已经不是难事。

不过，天然的夜明珠还是十分稀有的，而且伴随着古代人对夜明珠的想象，留下许多神奇传说和故事，这就是人造夜明珠无法媲美的了。

鹿柴

kōng shān bú jiàn rén　　dàn wén rén yǔ xiǎng
空山不见人，但闻人语响。

fǎn yǐng rù shēn lín　　fù zhào qīng tái shàng
返景入深林，复照青苔上。

18

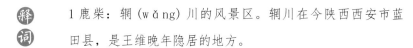

1 鹿柴：辋（wǎng）川的风景区。辋川在今陕西西安市蓝田县，是王维晚年隐居的地方。

2 返景：夕阳返照的光。景，同"影"，日光之影。

译文

我在山间散步，只听得有人说话的声响，我感到好奇怪，四处寻觅，只见山中空空如也，没有一个人影。傍晚时分，我被林间静谧的景色迷住了。落日余晖穿过茂密的森林，又照在青苔上，青苔上便泛起幽幽的青光。我不禁感慨道，真是美极了，静极了。

为什么看不见人时，却能听到人的声音呢？

光是一种非常奇怪的东西，由很多小能量包组成。它的行为有时像个小球，就像一个有点莽撞的小男孩横冲直撞；有时又像水面的波浪，仿佛一个舞姿婀娜的小姑娘左右摇摆。光的婀娜舞姿通常在遇到非常小的物体时才会表现出来，比如当你用激光笔照射一根头发丝时，光会绕过头发，在头发丝后面形成亮线，而不是阴影。

光波的尺寸非常小，只有头发丝的千分之一，所以在生活中大多数时候，光都表现得像小球，沿着直线前进，遇到障碍物时直接撞上去，而不会绕过，所以我们没法隔着不透明的物体看到后面的东西。另外，因为光波的尺寸太小，只有在非常光滑的表面上才会有规则地反射，否则就会四散弹开，所以我们只能在镜子、玻璃或是水面上看到倒影，而不会在墙上、树上或是山上看到。

声音波浪的尺寸比光要大得多。通常我们说话声的波浪在空气里有几十厘米到几米，遇到障碍物时很容易绕过去，而且因为声波的尺寸大，遇到物体反射时，只要物体不是特别粗糙，反射的声音就依然比较清晰。所以声音常常能沿着弯弯曲曲的山谷传得很远。

青苔是什么？

　　青苔是一种绿色的苔藓，通常生活在阴暗潮湿的地方。

　　苔藓是很特别的一类植物。就像网购时我们按照中国—北京—海淀区—北京交通大学—物理系……这样从大到小、逐层细分的方式写地址一样，生物学通常按照从高到低的"界—门—纲—目—科—属—种"来分类。在这个分类中，苔藓在植物界之下单独属于一个"门"，就好像在中国之下拥有一个省。

苔藓类植物和其他花草树木同属高等植物，但它在高等植物里却又是最低等的。它到底是从藻类进化而来，还是由蕨类植物退化形成的？至今，科学界对此尚无定论。不过可以确定的是，苔藓是植物从水里走上陆地的过渡阶段。

苔藓像花草树木一样有叶子，却没有根，不会开花，也没有种子，靠一种比种子简单得多的"孢子"来繁殖。有些苔藓能够分泌溶解岩石的液体，有的苔藓能够帮助沼泽变成陆地，还能够保持水土，所以苔藓有"大自然的拓荒者"的美名。

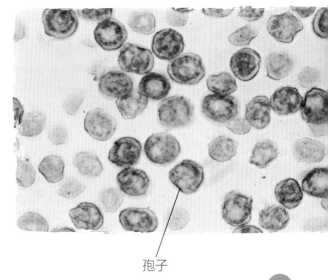

孢子

科学思维训练小课堂

① 仔细倾听晨昏时分的鸟叫声，哪个时间段的鸟叫声较多？

② 我们身边有哪些东西是用荧光材料做成的？

③ 与同伴分别站在空地上和墙两边，拍拍手，哪个声音比较大？

扫描二维码回复"诗词科学"
即可收听本书音频